RÉPERTOIRE

DE

COULEURS

pour aider à la détermination des couleurs

des Fleurs, des Feuillages et des Fruits

PUBLIÉ PAR LA

SOCIÉTÉ FRANÇAISE DES CHRYSANTHÉMISTES

et René OBERTHÜR

avec la collaboration principale de

Henri DAUTHENAY

et de

MM. Julien Mouillefert, C. Harman Payne, Max Leichtlin,
N. Severi et Miguel Cortès

IMPRIMERIE OBERTHÜR
RENNES
(ILLE-ET-VILAINE)

LIBRAIRIE HORTICOLE
84 bis, rue de Grenelle, 84 bis
PARIS

1905

RÉPERTOIRE

DE

COULEURS

RÉPERTOIRE

DE

COULEURS

pour aider à la détermination des couleurs

des Fleurs, des Feuillages et des Fruits

PUBLIÉ PAR LA

SOCIÉTÉ FRANÇAISE DES CHRYSANTHÉMISTES

et René OBERTHÜR

avec la collaboration principale de

Henri DAUTHENAY

ET CELLE DE

MM. Julien Mouillefert, C. Harman Payne, Max Leichtlin, N. Severi et Miguel Cortés

IMPRIMERIE OBERTHUR
RENNES
(ILLE-ET-VILAINE)

LIBRAIRIE HORTICOLE
84 bis, rue de Grenelle, 84 bis
PARIS

1905

ADDENDA

Pl. 16 : Aux synonymes italiens, ajouter **Giallo cloro.**
Pl. 18 : **Ton 1 :** Couleur des fleurs du *Primula acaulis* (type).
Pl. 18 : Aux synonymes italiens, ajouter **Giallo cadmium solforato.**
Pl. 19 : — — — — **di Stronziana.**
Pl. 20 : — français, — **Jaune Jonquille** (ton 4).
Pl. 20 : — italiens, — **Giallo cromo limone.**
Pl. 22 : — — — **Amarillo Verderol.**
Pl. 25 : — — — — **gomaguta.**
Pl. 26 : — — — **Giallo cromo dorato.**
Pl. 36 : — — — — **granoturco.**
Pl. 53 : — — — **Albicocco, Giallo cromo scuro.**
Pl. 59 : — allemands, — **Mennigrot.**
Pl. 60 : A **Reddish Salmon,** ajouter **deep.**
Pl. 118 : Aux synonymes italiens, ajouter **Rosa selvatica.**
Pl. 121 : — espagnols, — **Laca carminado.**
Pl. 121 : — italiens, — **Lacca carminata.**
Pl. 139 : A **Flesh colour,** ajouter **deep.**
Pl. 203 : Aux synonymes français, ajouter **Bleu Pervenche.**
Pl. 205 : **Ton 2 :** *Tillandsia Lindeni tricolor.* — **Ton 3 :** *T. Duvali.*
Pl. 212 : Aux synonymes italiens, ajouter **Oltremare.**
Pl. 215 : — — — **Cobalto artificiale.**
Pl. 224 : — — — **Turchesse, Turchina.**
Pl. 340 : — français, — **Brun de Perse, brun de Picryle.**

ERRATA

Pl. 4 : *Au lieu de* Graugrünische weiss, *lire* Graugrünlich weiss.
Pl. 7 : — Fliederartig-weiss, *lire* Lilafarben-weiss.
Pl. 9 : — Blanco acarnazado, *lire* Blanco cárneo.
Pl. 10 : — Rham, *lire* Rahm.
Pl. 15 : — Grünische weiss, *lire* Grünlich weiss.
Pl. 19 : — *Primula veris*, *P. acaulis* et *P. elatior*, *lire Primula veris* et *P. elatior*.
Pl. 19 : — Primose yellow, *lire* Primrose yellow.
Pl. 20 et 26 : — Chromo, *lire* Cromo.
Pl. 30 : — Rhamgelb, *lire* Rahmgelb.
Pl. 54 : — Naranjo, *lire* Naranja.
Pl. 56 : — Anaranjado encobrado, *lire* Rojo anaranjado cobre.
Pl. 56 : — Ottone aranciato, *lire* Rosso aranciato ramato.
Pl. 61 : — Naranjo de Mars, *lire* Naranja de Marzo.
Pl. 61 : — Arancio di Mars, *lire* Arancio di Marte, A. laccato.
Pl. 63 : — Albercocca rossastro, *lire* Albicocco rossastro.
Pl. 67 : — Tinta di carnagione, *lire* Carne.
Pl. 72 : *Remplacer les synonymes espagnols par* Salmon.
Pl. 72 : — — *italiens par* Salmone.
Pl. 85 : *Au lieu de* Scarlach, *lire* Scharlach.
Pl. 161 : — Purpura (**syn. ital.**), *lire* Porpora.
Pl. 178 : — Pale lilac rose, *lire* Bright lilac.
Pl. 222 : — Grünische Turkisblau, *lire* Grünlich türkisblau.
Pl. 229 : — Preusichblau, *lire* Preussischblau.
Pl. 241 : — Preussichgrün, *lire* Preussischgrün.
Pl. 285 : — Steckpalmen, *lire* Stehpalmen.
Pl. 337 : *Remplacer* Römischer ocker *par* Brilliant ocker, Roman ochre *par* Bright pale yellow ochre, *et* O. de Roma *par* O. brillante.

DIVISION DE L'OUVRAGE

PREMIÈRE PARTIE

DEUXIÈME PARTIE

Traducteurs des dénominations :

Pour l'Allemand : M. **Max Leichtlin,** directeur-propriétaire du Jardin botanique de Baden-Baden. — Pour l'Anglais : M. **C. Harman Payne,** secrétaire, pour l'Etranger, de la *National Chrysanthemum Society,* membre des Sociétés nationales d'Horticulture et de Chrysanthémistes d'Angleterre, d'Amérique, de France et d'Italie. — Pour l'Espagnol : M. **Miguel Cortés,** horticulteur, vice-président de la Société catalane d'Horticulture, à Barcelone. — Pour l'Italien : M. **N. Severi,** chef de service aux plantations de la Ville de Rome, directeur de la Revue *La Villa ed il Giardino.*

ABRÉVIATIONS

Amer. Flor., *A Chart of Col.*	American Florist, A Chart of Colours.
Bourg	Bourgeois aîné (fabricant de couleurs à l'aquarelle).
D. M. C	Cotons brillants de Dollfus, Mieg et Cie.
Lefr	Lefranc et Cie (fabricants de couleurs et d'encres d'imprimerie).
Lorill.; Lor	Lorilleux et Cie (fabricants d'encres d'imprimerie).
P. F. N	Laines Poiret frères et neveu.
Le Rip	Société française du Ripolin.
Sacc	Saccardo, *Chromotaxia.*
V. A. C	Soies Vulliod Ancel et Cie.
W.-B. Warh. *A Col. Dict.*	W.-B. Warhurst, *A Colour Dictionary.*

PRINCIPAUX OUVRAGES CONSULTÉS

CHEVREUL. — EXPOSÉ D'UN MOYEN DE DÉFINIR ET DE NOMMER LES COULEURS, d'après une méthode précise et expérimentale, avec l'application de ce moyen à la définition et à la dénomination des couleurs d'un grand nombre de corps naturels et de produits artificiels (*Mém. de l'Acad. des Sciences*, t. XXIII, 1861).

VILLON ET GUICHARD. — DICTIONNAIRE DE CHIMIE INDUSTRIELLE, continué par P. Guichard, président de la Société de Pharmacie de Paris. — Paris, 1902.

SACCARDO. — *Chromotaxia seu nomenclator colorum polyglottus additis speciminibus coloratis ad usum botanicorum et zoologorum.* — Pavie, 1891.

W.-B. WARHURST. — A COLOUR DICTIONARY, with about two hundred names of colours used in printing, etc. — Londres, 1899.

AMERICAN FLORIST. — A CHART OF CORRECT COLOURS, arranged by F. Schuyler (Supplément paru dans l'*American Florist*, Chicago).

I. — Les Origines de ce Répertoire

Au Congrès horticole qui fut organisé à Lyon, en 1899, par la Société française des Chrysanthémistes, l'un de ses membres, M. Chauré, au cours d'une discussion sur la préparation d'un tableau des maladies et parasites du Chrysanthème, signala l'utilité qu'aurait la publication d'un répertoire ou d'une gamme de couleurs qui permettrait de déterminer les nuances des Chrysanthèmes et ferait ainsi cesser les divergences existant entre les descriptions publiées par divers catalogues pour une même variété. M. Philippe Rivoire, secrétaire de la Société, développa cette proposition, en mentionnant l'insuffisance des répertoires existants et les difficultés qu'on rencontrait pour décrire d'une façon intelligible les nouvelles variétés de Chrysanthèmes, aussi bien que de Cannas ou de Dahlias. M. René Oberthür, amateur passionné d'horticulture, membre de la Société, et l'un des chefs de la grande imprimerie Oberthür frères, de Rennes, saisissant l'importance de cette œuvre, se chargea de recueillir tous les documents nécessaires, avec le concours de MM. Lorilleux et Cie, fabricants d'encres, et de soumettre les résultats de ces travaux au Congrès suivant.

Cette proposition fut acceptée avec enthousiasme par l'assemblée. La même question fut ensuite soulevée au Congrès de la Société française des Rosiéristes, qui en reconnut l'opportunité et promit au besoin son concours à l'œuvre entreprise par la Société française des Chrysanthémistes.

Des horticulteurs du Nouveau-Monde et de l'Allemagne, ayant eu connaissance du projet, écrivirent pour l'appuyer et offrir leur aide.

Au Congrès de Paris, en novembre 1900, M. René Oberthür rendit compte d'essais préparatoires effectués de concert avec la

Maison Lorilleux et Cie, et annonça, aux applaudissements de l'assistance, qu'il se chargeait d'éditer l'Ouvrage à ses frais. Une Commission, composée de MM. Chatenay, Cordonnier, Lemaire et Rivoire, fut désignée pour l'assister. MM. Nonin et G. Clément participèrent aux travaux de cette Commission.

Cette première tentative échoua. Près de 300 planches avaient été tirées en typographie. Chacune d'elles montrait une couleur particulière dégradée en quatre tons, et longitudinalement vernie sur une moitié. Les épreuves en furent soumises à un certain nombre de chrysanthémistes, conformément à la décision prise par la Commission, en juillet 1901, à Paris (1). Le travail était savamment opéré. Il était relativement considérable. Chaque dégradation avait été mathématiquement calculée. Le vernissage modifiant un certain nombre de tons, nous avons pu cataloguer, dans ce travail, près de 1.700 tons différents. Toutes les couleurs du spectre solaire étaient représentées. Chaque couleur y était combinée, en proportions calculées, avec toutes les autres. Et pourtant, lorsque les épreuves furent soumises au Congrès de Bordeaux, en novembre 1901, à un certain nombre d'horticulteurs autorisés, ceux-ci furent unanimes à constater que ce travail ne pouvait leur rendre les services qu'ils en avaient attendu. Les séries de roses, de rouges et de jaunes semblaient insuffisantes : en haut des gammes, elles manquaient de tons à la fois légers et transparents; dans le bas, elles manquaient de tons consistants, d'une violente intensité, comme on en rencontre assez souvent dans les fleurs. C'est ainsi que, pour notre part, nous ne pûmes rapprocher certaines fleurs d'Azalées des tons les plus dégradés, ni celles de certains Cannas des tons les plus intenses.

Enfin il manquait, à ce travail, un certain nombre de tons complexes comme on en rencontre aujourd'hui dans les Chrysanthèmes, dans les nuances bronzées, cuivrées, dans les vieux roses, les rouges passés, etc. Le nombre de tons reconnus utiles fut, de l'avis général, réduit à un peu plus de la moitié seulement.

C'est alors qu'à la suite d'entrevues que le journal *Le Chrysan-*

(1) Voir *Le Chrysanthème*, 6e année, 1901, n° 44 (septembre) p. 635.

thème a enregistrées en leur temps[1], la préparation du *Répertoire* sur de nouvelles bases nous fut confiée. Sur la proposition que fit M. Philippe Rivoire, secrétaire général, au Comité administratif de la Société, nous devions :

1° Comparer, avec le travail déjà fait, les planches coloriées parues dans la Presse horticole, pour noter toutes les nuances qui manquaient.

2° Etablir les meilleures dénominations de couleurs, d'après les annotations apposées sur les épreuves primitives par les délégués de la Société, et d'après des renseignements puisés dans les différentes branches du commerce et de l'industrie, etc.

3° Etablir un document-couleur pour chacune de ces dénominations, au besoin à l'aquarelle, et veiller à l'exécution de ce document par le meilleur procédé lithographique.

La première partie de cette tâche, entreprise en juillet 1902, ne nous a donné que des résultats incomplets ou insuffisants. Si bien exécutées que soient les planches en couleurs des meilleures publications horticoles, et malgré tout le talent de leurs auteurs, nous avons dû recourir plus tard à l'observation directe des fleurs, des feuillages et des fruits pour en disséquer, en quelque sorte, les couleurs souvent complexes, ainsi que pour reproduire et cataloguer les nuances observées.

Quant aux dénominations apportées à la première heure par des collaborateurs bénévoles, il faut bien dire que, d'une manière générale, leur comparaison n'a fait que justifier l'adage : « Des couleurs, comme des goûts, on ne saurait discuter. » Il fallait donc tâcher de préciser tout d'abord la signification des termes, par l'étude de leur étymologie ou par la recherche de leur origine industrielle, avant de les appliquer aux nuances retenues.

Nous n'avons pas voulu entreprendre ce travail sans chercher à l'asseoir préalablement sur une base d'ordre scientifique. C'est alors que nous avons eu recours aux œuvres de l'immortel Chevreul qui, en outre de son impérissable livre : *De la Loi du contraste*

(1) *Comptes rendus de l'Académie des Sciences*, vol. 33, 1861.

simultané des couleurs et de ses applications, a laissé un *Exposé d'un moyen de définir et de nommer les couleurs d'après une méthode précise et expérimentale* (1).

Dépourvu d'un tel contrôle, notre travail eût d'ailleurs pu sembler, à beaucoup d'esprits impartiaux, établi sans d'autres règles que l'arbitraire, puisque les déterminations, comme leur valeur différentielle et leur classement, eussent seulement dépendu du degré de méthode et de sagacité de l'auteur, ainsi que de son sens visuel particulier.

Aussi bien, pour renseigner le public horticole comme toutes les personnes que le sujet intéresse, sur le moyen trouvé par Chevreul de cataloguer les couleurs, croyons-nous utile d'en placer ici un exposé aussi succinct que possible.

(1) *Comptes rendus de l'Académie des Sciences*, vol. 33, 1861.

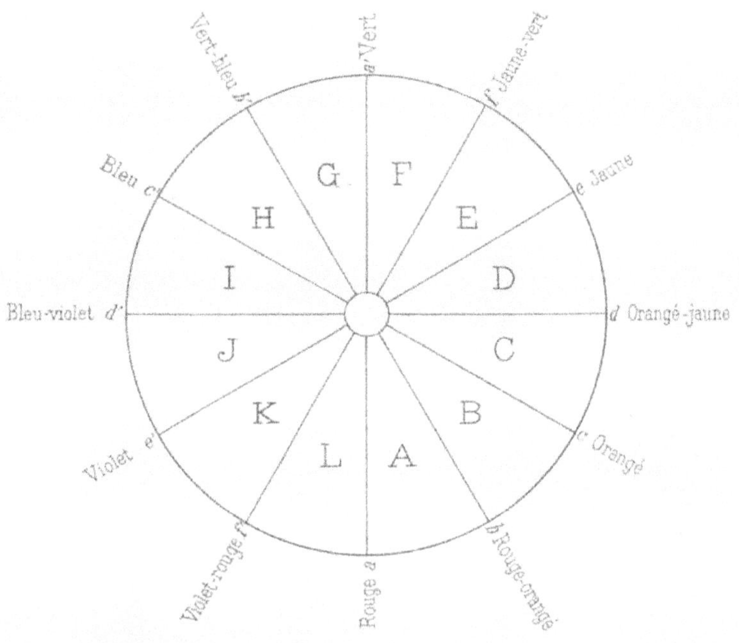

FIG. 1. — Disposition générale du cercle chromatique de Chevreul.

FIG. 2. — Spectre solaire.

II. — La méthode de Chevreul

« Ce travail — dit Chevreul — me semble résoudre sans contestation et d'une manière affirmative la question de savoir s'il est possible d'assujettir les couleurs à une nomenclature raisonnée en les rapportant à des types classés d'après une méthode simple, accessible à l'intelligence de tous ceux qui s'occupent des couleurs, soit à un point de vue purement scientifique, soit à un point de vue d'application ».

Voici, en quelques mots, toute l'économie de la méthode de Chevreul :

Un grand cercle (fig. 1), au centre duquel se remarque un petit cercle, est divisé en douze secteurs A B C D E F G H I J K L. Des diamètres séparent naturellement ces secteurs. Le diamètre *a a'* indique, à l'une de ses extrémités, le **Rouge,** couleur primitive, et, à l'autre extrémité, le **Vert,** couleur complémentaire du rouge. Une autre des trois couleurs primitives, le **Jaune,** est indiquée à une extrémité du diamètre *e e'*, et sa couleur complémentaire, le **Violet,** est à l'autre extrémité du même diamètre. La troisième couleur primitive, le **Bleu,** et sa couleur complémentaire, l'**Orangé,** sont, de même, aux extrémités d'un même diamètre *c' c*.

Les couleurs se trouvent ainsi rangées selon leur ordre dans le spectre résultant de la décomposition des rayons du Soleil [1]. Dans le spectre solaire, les rayons rouges les plus sombres sont à une extrémité, et les rayons violets à l'autre extrémité (Fig. 2). Dans la construction chromatique qu'il a imaginée, Chevreul fait logi-

(1) L'arc-en-ciel est, en quelque sorte, une image mise à la portée de tout le monde, du spectre solaire. Toutefois, les parties sombres n'en sont pas visibles.

quement se toucher ces deux extrémités, par le secteur L. Le blanc et le noir manquent dans cette succession des couleurs du spectre, et cela se conçoit, la couleur blanche résultant de la combinaison de tous les rayons du spectre solaire, et le noir résultant de l'absence de réflexion lumineuse, c'est-à-dire de l'absence de toute couleur.

Entre les diamètres dont nous parlons plus haut, sont intercalés des diamètres secondaires reliant de même, par leurs extrémités, les couleurs intermédiaires à leurs complémentaires. C'est ainsi que se trouvent indiqués le **Rouge-Orangé**, l'**Orangé-Jaune**, le **Jaune-Vert**, le **Vert-Bleu**, le **Bleu-Violet** et le **Violet-Rouge**. Chacun des secteurs, dont un est représenté en détail fig. 3, contient six divisions, que séparent cinq diamètres, y compris celui qui indique la couleur type; les quatre autres sont numérotés de 1 à 5. Chaque secteur de couleur comprend donc six secteurs secondaires, auxquels Chevreul fait correspondre six nuances [1] différentes de la même couleur. Ainsi, par exemple, on a le **Rouge**, le **1 Rouge**, le **2 Rouge**, le **3 Rouge**, le **4 Rouge** et le **5 Rouge**, soit 5 nuances différentes allant du Rouge au Rouge-Orangé. Des arcs concentriques, numérotés de 1 à 19, partagent enfin le secteur en 20 zones transversales, le zéro étant placé sur la circonférence du petit cercle central, dont la surface est supposée Blanc pur, le numéro 20 étant placé sur la circonférence qui limite le grand cercle, et au delà de laquelle est supposé le Noir pur. Chacun des espaces compris entre les diamètres et les arcs représente un ton [1] différent de chacune des nuances. Les 20 tons

(1) Chevreul a posé les règles suivantes :

Une couleur ne peut être modifiée que de quatre manières :

1° Par du blanc qui, en l'éclaircissant, en affaiblit l'intensité ;
2° Par du noir, qui, en l'assombrissant, diminue cette intensité ;
3° Par une certaine couleur qui en change la propriété spécifique sans la ternir ;
4° Par une certaine couleur qui en change la propriété spécifique en la ternissant.

Voici la valeur qu'il a donnée aux termes employés :

1° *Tons d'une couleur* : différents degrés d'intensité dont cette couleur est susceptible ;
2° *Gamme* : l'ensemble des tons d'une même couleur ;
3° *Nuances d'une couleur* : les modifications que cette couleur éprouve par suite de l'addition d'une autre couleur qui la change sans la ternir ;
4° *Gamme rabattue* : la gamme dont les tons sont plus ou moins ternis par du noir.

Nous employons ces termes tels que Chevreul les a définis.

d'une nuance constituent une gamme. On a donc, par exemple, dans deux gammes différentes, le **1er Rouge 10e ton**, le **2e Rouge 11e ton,** etc., que Chevreul écrit **1 Rouge 10 ton, 2 Rouge 11 t.**, etc., et, pour abréger encore, **1 R 10 t., 2 R 11 t.**, etc.

La gamme des nuances et celle des tons de chaque nuance est exactement graduée de la même façon dans chaque secteur, c'est-à-dire pour chaque couleur. La construction chromatique comprend ainsi 12 couleurs, 72 gammes, 1.440 tons.

Mais il ne s'est agi jusqu'à présent que de couleurs franches, c'est-à-dire non modifiées par une proportion quelconque de noir. Or, si l'on superpose, sur chacun des tons indiqués au cercle déjà décrit, tout une gamme de gris intermédiaires entre le Noir pur et le Blanc pur, on conçoit le nombre de tons rabattus auquel chacun des tons des nuances franches va donner naissance.

Chevreul a pu ainsi définir et nommer exactement 14.420 tons. En effet :

1° *Couleurs franches :*
72 gammes × 20 tons = 1.440 tons..............

2° *Couleurs de nuances rabattues :*
72 gammes × 9 tons de gris (le 10° est le noir)
= 648 gammes × 20 tons = 12.960 tons +
20 tons de gris pur classés à part = 20 tons.

} = 14.420 tons.

Mais il a ensuite démontré que, dans l'application, ce chiffre pouvait être notablement réduit.

Chevreul a résumé, dans les deux règles suivantes, la manière dont il définit et dénomme les couleurs :

1° Une couleur sera parfaitement définie *par l'indication du nom de la gamme à laquelle elle appartient et le numéro de son ton,* si la gamme appartient au cercle des couleurs franches (sans adjonction de noir). Par exemple, le **Rouge écarlate**, le plus ordinaire, appartient au 3 Rouge, et, en étant au 10e ton, *on le définira :* **3 R 10 t.**

2° Une couleur appartenant à la gamme *rabattue* sera parfaitement définie *par l'indication de la couleur franche, le numéro du ton, et la fraction de noir qui la rabat.* Par exemple, la couleur

Garance, de l'uniforme des troupes françaises, appartenant au 3 Rouge 11 ton, verni par $\frac{3}{10}$ de noir, *on la définira :* **3 R $\frac{3}{10}$ 11 t.**

Chevreul s'est ensuite livré à une adaptation, aux différentes gammes de sa construction chromatique, des couleurs de toutes les matières qui ont servi de base aux dénominations usitées dans l'industrie des couleurs, dans la teinturerie, les étoffes, la peinture, l'horticulture, la minéralogie, la chimie, etc. C'est ainsi qu'il a ramené le plus grand nombre des dénominations courantes à une sorte de notation scientifique qui a quelque peu l'aspect des notations chimique et algébrique. En voici quelques exemples :

Ardoise : 1 Bleu $\frac{9}{10}$ 10 ton ou 1 B $\frac{9}{10}$ 10 t.
Aurore : Orangé-jaune 8 ton ou O J 8 t.
Brique : 3 Rouge-orangé $\frac{5}{10}$ 12 ton ou 3 R O $\frac{5}{10}$ 12 t.
Bronze : 3 Jaune 20 ton ou 3 J 20 t.
Citron : 4 Orangé-jaune 6 ton ou 4 O J 6 t.
Cramoisi : 3 Violet-rouge 10 ton ou 3 V R 10 t.
Cuir : 1 Orangé $\frac{4}{10}$ à $\frac{5}{10}$ 7 ton ou 1 O $\frac{4}{10}$ à $\frac{5}{10}$ 7 t.

Cette méthode peut constituer un guide sûr dans la recherche scientifique, industrielle ou commerciale des couleurs et dans leur classement. Nous nous en sommes servi pour nous reconnaître dans le dédale du grand nombre des couleurs que nous avions à déterminer, pour nous rendre compte de leur valeur relative (1) et pour

(1) Il a fallu beaucoup de temps et beaucoup de tâtonnements à Chevreul pour établir une construction chromatique où l'équidistance entre les gammes et les tons fût partout aussi égale que possible. Voici, à ce sujet, les explications qu'il donne :

« Le jaune est la couleur la plus analogue au blanc par sa clarté et la faiblesse de son intensité, comme le bleu est la couleur la plus analogue au noir ; le rouge, la plus intense des couleurs, se place entre le jaune et le bleu. Maintenant, fallait-il commencer par faire 20 tons de la gamme rouge aussi équidistants que possible, et les prendre ensuite comme *normes de hauteur* des 20 tons de la gamme jaune, de la gamme bleue et des autres gammes? »

Chevreul fit faire une gamme rouge, une gamme jaune et une gamme bleue.

Dans chaque gamme, les tons furent trouvés équidistants.

Quant aux valeurs relatives des tons de même numéro de chacune des gammes, voici ce qu'il dit :

« Il existe deux manières de juger la hauteur (valeur de couleur comme disent les peintres) des tons qui portent le même numéro, c'est de les regarder l'une à côté de

les classer. Mais on voit clairement qu'il ne saurait être question d'adopter, dans les catalogues commerciaux, le système de dénomination des couleurs qui en découle.

l'autre ou bien de les mêler, en enroulant un fil de chacun d'eux sur un cylindre (une bobine) ou sur l'ongle. *Les tons sont égaux si l'un ne domine pas l'autre.*

» Or, on n'a pas trouvé de corrélation entre toutes les valeurs de couleurs.

» Il faut seulement se préoccuper d'opérer, pour chaque gamme, la gradation des tons de manière que ceux-ci soient *bien équidistants dans chaque gamme*, sans s'inquiéter de la hauteur des tons des autres gammes. Mais il importe de remarquer que *le jaune est la couleur dont les écarts entre les tons sont maximum*, et que les écarts vont en diminuant graduellement *du jaune au bleu* et *du jaune au rouge.* »

Après avoir comparé les couleurs de son plan circulaire à celle qu'émettait le spectre solaire passant au travers d'un prisme, Chevreul le fit recommencer deux fois pour qu'il soit plus exact.

Il le fit recommencer par M. Lebois, d'abord en partant du violet ; il se trouva que, pour que les tons jaunes fussent à la hauteur des tons violets, ils étaient la plupart trop clairs, et qu'il fallait comprendre, dans la gamme des jaunes, trop de tons rabattus (bruns).

C'est en le faisant recommencer en partant du jaune et en passant d'abord par l'orangé, puis au rouge, au vert, au bleu et au violet, que le cercle chromatique fut le meilleur. Ce dernier cercle fut contrôlé avec les couleurs du spectre par E. Becquerel et Chevreul *plusieurs fois et en des jours différents* pour *éviter la fatigue des yeux*. Il y eut quelques différences encore, mais peu importantes.

C'est encore après contrôle au moyen d'une comparaison faite avec les rayons du spectre solaire décomposé que l'équidistance entre les couleurs, telles qu'elles sont placées à des diamètres indiqués fut trouvée acceptable. Il résultait, en effet, de ce contrôle :

« Que le vert du cercle partage également l'intervalle du jaune au bleu et que le violet semble partager également aussi celui du bleu au rouge.

» Enfin que les couleurs rouge, jaune et bleue sont à des intervalles égaux, puisqu'elles comprennent entre elles un même nombre de couleurs. »

Cette succession d'opérations a duré huit ans.

III. — Du choix des dénominations

En dehors de la nomenclature de Chevreul, en existait-il une autre qui offrît une ensemble de significations assez positives pour être adaptées au règne végétal, et, en même temps, assez claires pour être facilement retenues par le public? Nous n'en avons point trouvé une seule dont les termes pussent être adoptés en bloc.

Depuis la découverte de l'Aniline [1] et de ses propriétés colorantes [2], une véritable révolution s'est opérée dans l'industrie des

(1) L'Aniline ($C^6 H^5 — Az H^2$) a été découverte en 1826 par Unverdorben, parmi les produits de la distillation sèche de l'Indigo; il lui donna le nom de *Krystallin*. Runge, en 1834, démontra son existence dans le goudron de houille; il l'isola et lui donna le nom de *Kyanol*. En 1840, Fritzsche découvrit l'acide anthranilique en faisant agir la potasse caustique sur l'Indigo; en distillant cet acide avec de la chaux, il démontra qu'il se dédoublait en acide carbonique et une base qu'il nomma *Anil* (nom portugais de l'Indigo). Erdmann démontra que l'Anil était la même base que le Krystallin d'Unverdorben.

En 1842, Zinin obtint l'aniline en réduisant la nitrobenzine par le sulfhydrate d'ammoniaque. Il lui donna le nom de *Benzidam*, croyant avoir affaire à une base nouvelle. Fritzsche reconnut que le benzidam n'était autre que l'aniline.

Hoffmann, en 1843, démontra que le krystallin, le kyanol, l'aniline et le benzidam étaient un seul et même corps. A partir de cette époque, on désigna toutes ces substances sous le nom d'aniline.

Hoffmann et Genther donnèrent enfin le moyen de préparer facilement l'aniline par la réduction de la nitrobenzine en présence du zinc et de l'acide chlorhydrique. En 1859-60, Béchamp indique le procédé de réduction par le fer et l'acide acétique.

(*Villon et Guichard, Dict. de Chimie industrielle*).

(2) L'aniline est la base d'une industrie florissante qui, née d'hier, est remarquable, non seulement par le chiffre des capitaux qui y sont engagés et la multiplicité des intérêts qui s'y rattachent, mais encore par la beauté des produits, la variété des recherches qu'elle a amenées et l'importance des travaux scientifiques auxquels elle a donné lieu. C'est avec l'aniline que sont produites ces couleurs éblouissantes qui frappent nos yeux depuis quelques années, et qui, au mérite incontestable d'une pureté et d'un éclat inconnus jusqu'alors, joignent encore celui d'un bon marché remarquable. Cette industrie a été créée en 1856 par W. Perkin, chimiste distingué auquel la science est redevable de très beaux travaux. En traitant une solution de sulfate d'aniline par des agents oxydants pour la transformer en quinine, Perkin obtint un précipité noir d'où il parvint à extraire une magnifique matière colorante violette, le Violet d'aniline ....

....

Peu de mois après la prise du brevet anglais de Perkin, plusieurs fabriques se montèrent en France; la découverte du rouge d'aniline, puis celle du bleu, du vert, du noir, celles des violets de méthylaniline et de tant d'autres produits intéressants, donnèrent à l'industrie des matières colorantes une importance de premier ordre, qui tend de jour en jour à s'accroître davantage. (*Ad. Würtz, Dict. de Chimie pure et appliquée*).

couleurs. La nomenclature employée par les fabricants s'est augmentée d'une grande quantité de termes dont la signification ne peut être familière qu'aux spécialistes. On ne saurait demander à la clientèle horticole de se livrer à une étude préalable pour comprendre des descriptions de couleurs dans lesquelles on emploierait de tels termes. *Toutes les fois que des noms de couleurs tirés de leur origine même nous ont semblé devoir frapper facilement l'esprit, nous les avons retenus.* Mais, si l'on consulte la première colonne du tableau ci-après (p. 22), on se convaincra que nous ne pouvions suivre toute la terminologie actuelle des fabricants de couleurs.

D'ailleurs, chez les fabricants, les synonymies abondent. En voici quelques exemples :

Synonymes :

Rouge rubis A....... Azorubine S, Carmoisine, Rouge Solide C, Azorubine acide.

Rose breveté.......... Pyronine C, Rouge Casan.

Violet Hoffmann R. Violet Méthyle 5 R extra, Violet R 2 R, Violet à l'Iode, Violet Prince, Violet Dahlia, Primula R et B, Alexandra 5 R.

Orangé IV............. Tropéoline OO, Jaune d'Aniline, Jaune de Diphénylamine, Jaune I, Jaune acide D, Jaune solide, Orangé G S, Hélioxanthine.

On remarquera en outre qu'à certains noms de couleurs sont ajoutés des lettres capitales ou des numéros. Nous ne pourrions cependant imprimer, sur un catalogue horticole, que la fleur de tel ou tel Chrysanthème est couleur d'Azorubine S ou de Tropéoline OO. On remarquera aussi que certaines qualifications, qui ont assurément leur raison d'être pour des fabricants ou pour des teinturiers, ne l'auraient plus du tout si elles étaient appliquées à des fleurs : Bleu direct, Rose breveté, Rouge pour drap, Rouge neutre, Violet au chrome, Violet Hoffmann R, etc.

D'autre part, lorsque nous recherchions des qualificatifs plus scientifiques pour les substituer à ceux-là, nous ne pouvions que nous référer à la composition même des couleurs. Alors nous trouvions, par exemple, que :

Le **Rouge rubis A** est :
Sulfonaphtaline azo naphtol monosulfonate de sodium.

Le **Rose breveté** est :
Chlorhydrine de tétraméthylméthyl diamido diphényl carbinol oxyde.

Le **Violet Hoffmann R** est :
Méthylparamidodiphénylcarbinol.

Le **Violet au chrome** est :
Trioxytriphénylcarbinoltricarboxylésodique.

Ces termes, dont le dernier comprend 42 lettres, sont représentés, en notation chimique, par :

$C^{20} H^{11} Az^{2} S^{2} O^{7} Na^{2}$ (Rouge rubis A).
$C^{17} H^{19} Az^{2} Cl O$ (Rose breveté).
$C^{23} H^{26} Az^{3} Cl$ (Violet Hoffmann R).
$C^{22} H^{13} O^{19} Na^{3}$ (Violet au chrome).

L'impossibilité d'adopter, pour décrire les couleurs sous une forme à la portée de tous, le langage de la chimie scientifique ou industrielle, nous paraît suffisamment démontrée.

La nomenclature des fabricants d'encres typo-lithographiques (col. II) comprend un certain nombre de termes tirés de la fabrication même des couleurs qui entrent dans la composition des encres (Bleu de Méthylène, Violet Hoffmann, etc.). D'autres termes sont relatifs, soit à la qualité des encres offertes aux imprimeurs (Jaune léger, Rouge solide, Rouge transparent, etc.), soit à l'éclat, au reflet qu'elles doivent produire à l'impression (Laque brillante, Bleu d'acier, Bleu bronze, etc.). Certaines dénominations rentrent dans la catégorie des étiquetages commerciaux, tels qu'on en trouve dans toutes les spécialités (Jaune Washington, Rouge Sénégal, Laque César, etc.), mais qui ne rappellent aucune couleur à l'esprit du public [1]. Il en est, enfin, dont l'origine ou la signification lui est incompréhensible (Mine Orange, Cinabre de Géranium). Par

(1) Cela n'a d'ailleurs pas d'inconvénient, les fabricants d'encres ne s'adressant qu'à une clientèle particulière.

hasard, il en est d'autres qui éveillent immédiatement, chez lui, l'idée des couleurs qu'ils représentent (Jaune Bouton d'or, Brun Tabac).

C'est l'industrie des couleurs pour les diverses peintures (bâtiment, faïences, peinture à l'huile, gouache, aquarelle, col. III), qui nous fournit le plus d'exemples de noms de couleurs tirés de leur origine. La plupart de ces noms sont connus de beaucoup de personnes, parce que les matières colorantes qu'ils représentent sont fréquemment employées en art, ou rencontrées dans l'économie domestique. Si certaines de ces couleurs sont aujourd'hui fabriquées par synthèse ou à l'aide de produits de substitution [1], du moins leur a-t-on, en général, conservé le nom qu'elles portaient auparavant [2]. *Nous avons compris, dans notre travail, le plus possible de ces termes, avec les couleurs, pour ainsi dire classiques, qu'ils représentent.* Toutefois, si nous avons fait état de certaines autres de ces couleurs, nous en avons repoussé les dénominations lorsqu'elles pouvaient paraître des non-sens pour le public (*Jaune* de Cadmium *rouge*, Laque de *Garance* rouge *Cerise*, *Vert* Lumière *bleu*, Cendre bleue, Cendre verte, etc.). D'autres expressions devaient être écartées aussi, comme se rapportant à des degrés de finesse ou de qualité ne pouvant servir à la détermination des couleurs des fleurs (Carmin fin, Carmin extra, Violet clair extra, etc.).

La nomenclature des couleurs des soieries ou usitées dans les modes (rubans, velours, etc.; col. IV) est d'une nature fort différente des précédentes. Cela se conçoit, d'ailleurs. Il y a des soies qui possèdent des tons tellement complexes et chatoyants que certaines désignations telles que Aurore, Soleil levant, Soleil couchant, peuvent leur être raisonnablement appliquées. Mais ce ne sont pas là des noms de couleurs. D'ailleurs, nous avons trouvé

(1) Le Bleu d'Outremer, qui était autrefois du Lapis-lazuli pulvérisé, est aujourd'hui produit par un mélange de kaolin, de soufre et de charbon. — Le Jaune indien provenait autrefois de la fermentation de l'urine de vache avec des feuilles de Mangoustan. On l'obtient aujourd'hui par une solution d'acide euxanthique, sulfate de magnésie, alun et sel ammoniac. — L'Indigo de bonne qualité est encore tiré des Indigotiers, mais on en fabrique aussi avec l'Ingotine obtenue par synthèse, ou avec les bleus de méthylène, d'alizarine et autres dérivés de la houille.

(2) Beaucoup de ces couleurs sont peut-être plus éclatantes qu'autrefois au moment de leur emploi, mais elles sont souvent plus vite altérées par l'air et la lumière. Leur principal mérite, aux yeux des industriels, est qu'elles coûtent beaucoup moins cher.

Exemples de dénominations

usitées dans les diverses industries qui se servent de couleurs, pour montrer le genre de nomenclature qu'elles emploient.

I. — Chimie industrielle et Teinturerie

Jaune d'Alizarine.
— Diamant G.
— Dinitrocrésol.
— M. G.
— de Quinoléine.
Orangé de Chrysoïne.
— de Xylidine.
Phénosafranine.
Rouge pour drap R.
— neutre.
— Rubis A.
Violet Hoffmann R.
— benzyle.
— alcalin.
— au Chrome.
Bleu direct.
— d'Alizarine.
— de Diphénylamine.
— de Méthylène.
— de Naphtyle.
Vert Oxychlorure de cuivre hydraté.
— Rosenstiehl.
— d'Alizarine.
— de Méthylène G. B.
Brun de Toluylène.
Etc., etc.

II. — Encres typo-lithographiques

Jaune léger.
— léger foncé.
— de zinc.
— Bouton d'or.
Jaune Washington.
Mine Orange.
Rouges solides 1, 2.
— Lincoln 1, 2, 3.
— Sénégal.
— transparent.
— de Mars.
Cinabre de Géranium.
Laque brillante.
— César.
— violette.
Violet Hoffmann.
— solide.
Magenta 1, 2, 3, 4.
Bleu d'acier.
— bronze.
— de Méthylène.
— Flore.
Verts américains 1, 2, 3.
— Emeraude 1, 2, 3.
Brun Tabac.
Etc., etc.

III. — Peinture et Aquarelle

Jaune de Naples.
— de Chrome citron.
— — clair.
— — moyen.
— — foncé.
Jaune de Cadmium citron.
— — clair.
— — rouge.
Stil de grain jaune.
Stil de grain brun.
Jaune de Mars.
Ocre de Mars.
Orangé de Mars.
Violet de Mars.
Rose Carthame.
Laque de Garance.
— — rosée.
— — rose doré.
Pourpre de Tyr.
Carmin fin.
— extra.
Bleu d'Outremer.
— de Cobalt.
Vert lumière 1, 2.
Cendre bleue.
— verte.
Vert Milori.
Ocre de Ru.
Brun de Garance.
— Van Dyck.
Terre de Sienne.
— d'Ombre.
Sépia.
Etc., etc.

IV. — Soieries et Modes

Jaune Auréole.
— Fétiche.
— Bouton d'or.
Lion d'or.
Jaune de Chrome citron.
Crépuscule.
Graziella.
Soleil levant.
— couchant.
Rouge Amphore.
— Benoit.
— Pékin.
— Coq de roche.
Violet Misanthrope.
Bleu Danois.
— Mésange.
— Nemrod.
— Printemps.
Pavillon bleu.
Keller marin.
Vert Botha.
— Russien.
Tapis vert.
Brun Lilliput.
Gris fossile.
— rouge.
Etc., etc.

V. — Lainages et Cotons

Jaune Canari.
— Citron.
— d'or.
— Nankin.
Rouge Ponceau.
— Cardinal.
— Caroubier.
— Grenat.
Rose de Rose.
— Grand teint.
Violet Evêque.
— Prune.
Magenta.
Solférino.
Mauve.
Héliotrope.
Bleu Marine.
— de Roi.
— nuit.
— Gendarme.
Indigo.
Vert Mousse.
— Pré.
— Perroquet.
Gris Cochon.
— Loutre.
Bure.
Etc., etc.

proposées pour l'horticulture par M. Van den Heede :

VI. — Règne végétal

Jaune Blé.
— Oncidium.
— Calcéolaire.
— Soleil.
Rouge Alstroemère.
— Capucine.
— Collomia.
— Géranium.
— Fuchsia.
— Pivoine.
— Verveine.
Rose Abronia.
— Coquelourde.
— Ketmie.
— Lavatère.
— Cricinelle.
Pourpre Aubriétie.
— Cyclamen.
Violet Amaelie.
— Clématite.
— Dodécathéon.
— Podalyre.
— Torénia.
Bleu Agathée.
— Aster.
— Dauphinelle.
— Iridacée.
— Jacinthe.
Vert Lierre.
— Oseille.
— Phalaris.
Brun Giroflée.
Etc., etc.

fort peu de fleurs dont la réflexion spéculaire puisse être comparable à celle de ces soies. En retenant les désignations précitées et en cherchant à les figurer du mieux possible, nous avons eu surtout pour but de mettre les horticulteurs en garde contre l'abus de leur emploi. Il en est de même pour les tons Or, Vieil Or, ors divers, Argent, argentés, Rubis, Grenat, Améthyste, peu applicables, à notre avis, au règne végétal.

A côté de ces quelques termes relativement acceptables, il en est beaucoup d'autres par trop fantaisistes pour être considérés comme des noms de couleurs (Jaune Fétiche, Graziella, Rouge Amphore, Violet Misanthrope, Reflet marin, etc.). Ajoutons que des considérations de mode président parfois à la recherche de ces noms (Rouge Dewet, Vert Botha, Pavillon bleu).

C'est, à notre avis, la catégorie des Cotons et des Laines (col. V) qui offre le plus de qualifications acceptables. Il en est qui présentent les défauts signalés précédemment, mais leur ensemble n'en est pas moins beaucoup plus répandu que les autres nomenclatures dans le public. La raison en est que les matières que leurs couleurs teignent sont d'usage universel et l'objet de continuelles transactions entre un grand nombre de commerces et le public. N'importe quelle ménagère, quelle que soit sa situation de fortune, si vous lui donnez des couleurs à déterminer, leur apposera des désignations de ce genre : Jaune Nankin, Rouge Cardinal, Violet Evêque, Bleu Marine, Vert Perroquet, etc. Cette considération a d'autant plus de valeur à nos yeux que les dames sont la grande majorité parmi les amateurs de fleurs; si ce sont leurs maris, elles ne les en inspirent pas moins.

Nous avons adopté le plus possible de dénominations dans cette série, nous trouvant, sur ce point, du même avis que M. Héraud, de Pont-d'Avignon. Toutefois, nous avons laissé de côté celles qui pouvaient laisser trop d'incertitude à l'esprit (Rose grand teint), ne nous semblaient pas assez logiques (Bleu nuit), ou dont on ne retrouverait plus la raison (Bleu Gendarme) [1].

En prenant ainsi, de chacune des nomenclatures précédemment

(1) Ce Bleu, qui est le Bleu Capri des fabricants de couleurs, se retrouvait dans plusieurs parties des anciens uniformes de la gendarmerie française.

examinées, toutes les expressions susceptibles d'être utilisées, il nous en manquait encore pour étiqueter toutes nos couleurs. Nous avons, pour chaque nuance se trouvant ainsi sans dénomination, recherché la fleur la plus connue et en même temps la moins variable, ou bien le feuillage ou le fruit le plus communs, pour lui appliquer leur nom. Plusieurs dénominations dans la fabrication des couleurs ou des encres typo-litho, dans les commerces des soieries, lainages, etc., sont d'ailleurs tirées du règne végétal (Jaune Citron, Lilas, Mauve, Héliotrope, Vert Mousse, etc.). Certains qualificatifs tirés de cette source font d'ailleurs depuis longtemps partie de la langue usuelle (Orange, Rose, Marron, Violet).

On trouvera très peu de ce genre de mots dans la série des Bleus, parce qu'il existe très peu de fleurs qui soient réellement bleues [1] et que, d'autre part, beaucoup de bleus sont d'origine minérale et portent un nom qui décèle cette origine. Par contre, on en trouvera beaucoup parmi les Verts. Un grand nombre de verts sont également d'origine minérale, mais leur nuance, souvent crue, est presque toujours inapplicable au règne végétal. Les verts de feuillage sont, au contraire, des tons complexes et plus ou moins rompus ou rabattus. Pour aider à leur détermination, il nous a fallu en reproduire un certain nombre choisis dans les plantes les plus connues, et les proposer comme types de verts à appliquer aux couleurs du feuillage des autres végétaux (Vert Lierre, Vert Houx, Vert Eucalyptus, Vert Epinard, etc.).

En nous tenant dans les limites de la nécessité, nous n'avons fait, en somme, que nous conformer à des précédents qui ont aujourd'hui droit de cité. Toutefois, nous n'avons pas voulu adopter la liste proposée par M. Ad. Van den Heede (col. VI). Auquel cas le public se fût trouvé de nouveau en présence de noms laissant trop de place à l'incertitude (Bleu Aster, Bleu Jacinthe, Rouge Fuchsia, Rouge Pivoine, Violet Ancolie), nécessitant trop de recherches (Rose Crucianelle, Violet Torénia), ou d'aspect par trop scientifique (Jaune Oncidium, Violet Dodécathéon, Violet Podalyre, Vert Phalaris). Si nous avons parfois adopté quelques dési-

(1) La plupart des fleurs dites bleues sont d'un bleu plus ou moins violacé. Ce sont là les « bleus de jardiniers » dont parlait Alphonse Karr.

gnations d'allure trop incertaine, c'est qu'elles sont entrées dans le langage ordinaire; tels le Rouge Capucine et le Rouge Géranium, qu'on rencontre couramment dans le commerce des couleurs. Dans ce cas, nous en avons précisé la signification du mieux que nous avons pu.

En résumé, nous avons dénommé les couleurs au moyen des termes les plus répandus dans la langue usuelle et pouvant le mieux frapper l'esprit, mais en justifiant leur emploi par quelques mots sur leur origine, leur étymologie, ou leur signification.

IV. — Du classement des couleurs

Le cercle chromatique de Chevreul dont nous avons décrit la disposition (page 13) ne comprenait que les couleurs franches. Pour montrer les mêmes couleurs modifiées par les gris (dégradations du Noir pur vers le Blanc pur), Chevreul dut publier plusieurs autres cercles chromatiques rabattus par $\frac{2}{10}$, $\frac{3}{10}$, $\frac{5}{10}$, etc., du Noir. En effet, sous peine de ne plus montrer les dégradations des couleurs franches dans leur ordre naturel, ni les modifications progressives de ces couleurs par leurs voisines, il ne pouvait placer, sur un même cercle, leurs nombreux tons successivement rabattus.

Nous avions deux façons de suivre le classement de Chevreul : ou bien présenter autant de séries distinctes qu'il a construit de cercles chromatiques; ou bien faire suivre chaque couleur franche de ses tons rabattus.

Dans le premier cas, nous eussions montré successivement toutes les couleurs franches dans l'ordre spectral, puis ces mêmes couleurs dans l'ordre de leurs rabats progressifs. Par exemple, un jaune franc ayant le n° 16, ce même jaune rabattu par $\frac{2}{10}$ de noir se fût retrouvé au n° 88; un peu plus terni, au n° 160; bruni, au n° 232; noirci, au n° 310. Les recherches eussent été difficiles, car on ne peut demander à personne de savoir, *a priori*, si tel ou tel jaune plus ou moins modifié doit se trouver dans la série des couleurs rabattues par $\frac{2}{10}$, $\frac{3}{10}$, $\frac{5}{10}$ ou $\frac{8}{10}$ de noir.

Dans le second cas, nous eussions fait suivre chaque couleur franche, prise isolément, de toutes ses nuances provenant de ses rabats successifs jusqu'au Noir. Les recherches eussent été aussi difficiles. On se serait heurté, à tout instant, à des solutions de continuité, ce qui eût nécessité, afin de permettre la comparaison entre des nuances très rapprochées les unes des autres, leur déclassement continuel.

Nous avons préféré prendre, comme base de classement, le degré de clarté des couleurs, tenant compte, en cela, de cette observation de Chevreul : « Le Jaune est la couleur la plus analogue au Blanc par sa clarté et la faiblesse de son intensité, comme le Bleu est la couleur la plus analogue au Noir; le Rouge, la plus intense des couleurs, se place entre le Jaune et le Bleu »[1].

Nous avons donc commencé notre classement par le Blanc pur, en le faisant suivre de tous les blancs teintés, ou du moins des dégradations des diverses couleurs vers le Blanc, dont la clarté était plus grande que le premier Jaune. Du Jaune, nous sommes allé au Rouge en passant par l'Orangé; ici, l'intensité a suivi l'ordre spectral. Puis, du Rouge au Bleu, nous ne pouvions passer que par le Violet, en opérant ainsi la conjonction des deux extrémités du spectre (fig. 2). Mais on remarquera que nous laissions ainsi de côté le Vert-Jaune, dont la clarté est comparable à celle des rouges clairs (fig. 2). D'autre part, une considération d'ordre pratique nous a obligé de créer, entre les rouges et les violets, une série plus claire, celle des roses.

En réalité, une nuance rose n'est autre chose qu'une dégradation d'un rouge. Si, pour les rouges, nous avions suivi la même équidistance entre les tons de chaque planche que pour les jaunes; si nous avions pris, pour le ton 1 (le ton clair) de chaque planche, la même hauteur de ton que dans les jaunes[2], tous les roses se fussent trouvés en tête de toutes les planches de rouges. Mais nous eussions, dans ce cas, méconnu la force de cette habitude du monde, et surtout du public horticole, de distinguer entre les tons roses et les tons rouges. Dans l'arrangement que nous avons donc cru devoir introduire, les carmins sont le chaînon entre les rouges et les roses; les roses lilacés se relient aux pourpres, qui forment ainsi la transition entre la série des roses et celle des violets.

En passant du Violet au Bleu, nous nous sommes quelque peu étendu sur leurs nuances transitoires, parce que la presque totalité des fleurs qu'on a coutume d'appeler bleues sont d'un bleu plus ou moins violacé.

(1) Pour la manière de juger des degrés de clarté, voir la note p. 16.
(2) Pour juger de la hauteur des tons, voir la même note.

Du Bleu au Vert, la transition s'opérait naturellement par le Bleu-Vert, dont quelques dégradations nous ont donné des nuances d'une belle intensité lumineuse mais n'ayant pas d'applications dans le règne végétal. La même observation s'applique à un bon nombre de verts purs. Nous avons terminé cette série par le Vert-Jaune.

Ainsi se trouvait complété le cycle des couleurs franches. Quant aux couleurs rabattues, c'est-à-dire les vieux-roses, les vieux-rouges, les olivâtres, les bruns, les ocres et les marrons, nous en avons fait deux parts : 1° les nuances très peu ternies, c'est-à-dire celles où la couleur franche dominait encore assez pour que leur présence dans les séries précédentes ne choquât pas l'œil; 2° les nuances rabattues d'une façon tellement intense que leur présence, soit à la suite de chaque couleur franche dont chacune d'elles était née, soit en bloc à la suite de chaque série de couleurs, eût précisément causé ces solutions de continuité que nous tenions à éviter.

Nous avons intercalé les premières parmi les couleurs franches, aux places où leur présence a semblé la plus naturelle. Ainsi, le Jaune Citron (vrai), le Jaune Canari, l'Orangé de Mars, le Rouge Garance, qui sont des nuances assez peu rabattues, paraissent beaucoup mieux à leur place parmi les jaunes, les orangés et les rouges, qu'en tête de séries plus rabattues; les vieux-rouges et les vieux-roses se trouvent naturellement faire suite aux rouges et aux roses, parce qu'il était facile d'établir des transitions entre les vieux-rouges et les carmins qui les suivent, ainsi qu'entre les vieux-roses et les roses lilacés qui les suivent.

Quant aux couleurs fortement rabattues, nous en avons formé deux sections spéciales établissant une transition naturelle entre le Vert-Jaune et le Noir pur : la première commence aux olivâtres pour passer aux ocres par les bruns bistrés; la deuxième part des ocres, passe par les fauves, puis par les marrons, pour toucher aux noirs impurs. Ceux-ci conduisent au Noir pur, dont les dégradations donnent les gris purs. Dans cette dernière série, nous aboutissons, en passant par quelques gris dégradés diversement, à des tons très voisins du Blanc pur. Ce sont, en quelque sorte, les blancs teintés rabattus par du gris.

Ces derniers tons terminent le Répertoire de manière que la planche 375 puisse être placée à côté de la planche 1 sans qu'il y ait, là non plus, solution de continuité.

Le Répertoire se trouve ainsi constitué par 12 séries :

I. — Blanc pur et Blancs teintés.

II. — Jaunes et Ors.

III. — Orangés et Saumons.

IV. — Rouges, Vieux-rouges et Carmins.

V. — Roses, Vieux-roses et Roses lilacés.

VI. — Pourpres, Grenats et Amarantes.

VII. — Lilas, Mauves et Violets.

VIII. — Bleus.

IX. — Verts.

X. — Bistres et Ocres.

XI. — Fauves et Marrons.

XII. — Noirs et Gris.

Les planches de couleurs peuvent donc être étalées de manière à former une circonférence homogène. Il sera ainsi loisible, aux personnes qui se serviront de cet Ouvrage, de faire commencer les classements auxquels elles voudront se livrer, par n'importe quelle série, ou n'importe quelle couleur.

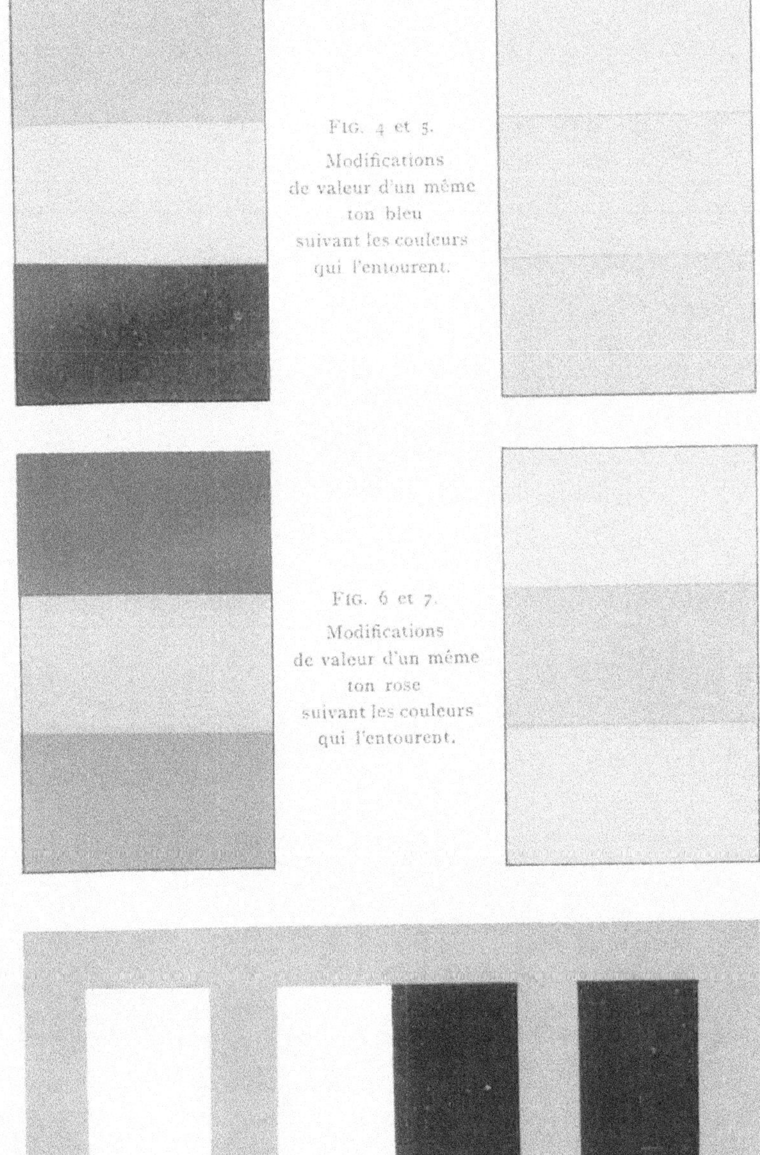

Fig. 4 et 5.
Modifications
de valeur d'un même
ton bleu
suivant les couleurs
qui l'entourent.

Fig. 6 et 7.
Modifications
de valeur d'un même
ton rose
suivant les couleurs
qui l'entourent.

Fig. 8. — Modifications d'intensité du Blanc et du Noir pur
en raison de leur rapprochement ou de leur éloignement.

V. — Instruction pour déterminer les couleurs des fleurs, feuillages et fruits

La première condition à réaliser pour déterminer les couleurs est de n'être affecté ni de daltonisme, ni d'achromatopsie (1). Ces défauts de visibilité sont plus fréquents qu'on ne le croit généralement : environ 5 pour 100 des candidats aux emplois dans les Chemins de fer en sont reconnus atteints.

La seconde condition consiste à pouvoir examiner la couleur ou la nuance à déterminer sans que la vue soit influencée par les contrastes entre elle et les couleurs ou nuances voisines. Selon qu'une couleur est placée à côté de telle ou telle autre, l'œil lui donne une nuance ou un ton différents. Ainsi, lorsqu'on rapproche un vert d'un bleu, le vert devient jaunâtre, et le bleu semble plus violacé qu'il ne l'est réellement. Un bleu turquoise placé, fig. 4, entre un bleu de cobalt et un bleu marine, et placé, fig. 5, entre un ton abricot et un ton vert-jaune, paraît verdâtre fig. 4 et bleuté fig. 5. Le ton rose lilacé de la fig. 7, entre un ton chair et un ton rose frais, paraît plus intense qu'entre un vert foncé et un pourpre violacé, fig. 6. Les rectangles blanc et noir de la figure 8 jouissent d'une intensité plus grande accolés l'un à l'autre que vus isolément sur un fond gris.

Pour comparer deux couleurs entre elles, de façon à éviter l'influence des contrastes, on se sert communément de « caches » en papier (fig. 9). Le morceau de papier est préalablement plié en deux et entaillé en V, sur son pli, avec des ciseaux ou, plus simplement, à la main (fig. 10). En le dépliant ensuite, on obtient autant de trous qu'on a fait d'entailles. Qu'il n'y ait qu'un trou

(1) Le daltonien voit une couleur au lieu d'une autre. Dalton, célèbre chimiste anglais, voyait du rouge au lieu du vert. L'achromatopsie consiste à ne pas voir du tout certaines couleurs, alors qu'on voit exactement les autres.

dans un cache ou qu'il y en ait plusieurs, il suffit d'appliquer un trou sur chacune des couleurs à comparer entre elles, le papier du cache ou des caches masquant toutes les autres couleurs. Par exemple, pour s'assurer que le bleu central de la figure 5 et celui de la figure 6 ne sont bien qu'un seul et même bleu, il suffit de les regarder tous les deux ensemble par un trou de cache appliqué sur chacun d'eux.

La troisième condition nécessaire à un examen aussi exact que possible des couleurs est de les disposer de manière que leurs reflets, quand elles en ont, ne se voient pas, ou ne se voient que le moins possible.

Certains produits, fait observer Chevreul dans son *Mémoire* à l'Académie des Sciences, tels que les laines teintes ou les échantillons de porcelaines colorées au feu ne réfléchissent pas de lumière spéculaire. Il en est autrement des fleurs; aussi pour en déterminer la couleur faut-il les placer à la lumière diffuse et dans un lieu où l'on puisse éviter l'effet de la lumière réfléchie spéculairement. Il faut enfin les observer dans une position où cette lumière spéculaire ne parvient pas aux yeux.

Si les fleurs ont autant de reflets, c'est grâce à l'activité de leur vie : leur couleur se renouvelle sans cesse et ne tombe qu'au fur et à mesure de leur déclinaison. Lorsque des fleurs ont été coupées et apportées dans l'appartement, c'est-à-dire dans un milieu où il est plus aisé de se rendre compte de leur couleur que dehors et au soleil, elles conservent encore plus ou moins longtemps leur reflet. Mais on a du moins la possibilité de les regarder sous tel angle qu'il convient, et d'en apprécier ainsi la coloration.

Chevreul recommande, après qu'on a opéré une détermination, de faire la contre-épreuve. « Par exemple, s'il s'agit d'une fleur que l'on juge identique avec le Violet, parce qu'en la plaçant à côté de ce Violet ou dessus, il n'y a pas contraste de couleur, on contrôlera cette observation en comparant la fleur à la nuance qui précède immédiatement le Violet (5 Bleu-violet de son système) et à celle qui le suit (1 Violet). Elle devra paraître, si la détermination est bien faite, plus rouge que le 5 Bleu-violet, et plus bleue que le 1 Violet ».

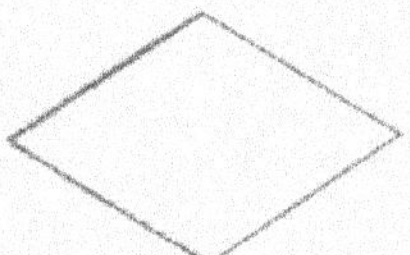

FIG. 9. — Cache en papier blanc, percé de deux trous, pour comparer les couleurs.

Si ces deux trous étaient trop rapprochés, couper le papier en deux parties longitudinales, ou bien faire deux caches distincts, d'un seul trou chacun.

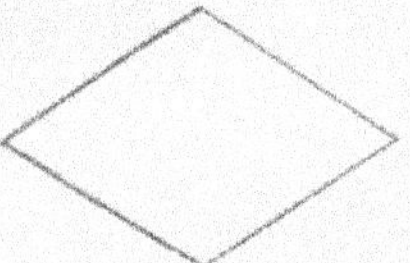

FIG. 10. — Manière de faire un cache.

Le morceau de papier a été plié en deux, puis entaillé en V sur son pli, soit avec une paire de ciseaux, soit avec les ongles. La fig. 9 représente ce morceau de papier déplié.

Il faudra agir d'une façon analogue avec notre Répertoire. Les planches étant mobiles, on recherchera celles qui se ressemblent le plus entre elles et où l'on croira que doit se trouver la nuance cherchée. On ne s'arrêtera pas à la première détermination que l'on aura cru bonne, et l'on procédera par contre-épreuves sur les planches de nuances les plus voisines.

En règle générale on devra donc, pour déterminer convenablement les couleurs des fleurs, faire cette opération à l'abri de toute radiation solaire directe et de toute réverbération. Le bureau de l'horticulteur sera sans doute, pour lui, la meilleure place.

Il sera d'autant plus nécessaire d'agir ainsi que c'est là le seul moyen de conserver le plus longtemps possible l'exactitude des couleurs du Répertoire. En effet, la lumière, et surtout la lumière solaire, altère plus ou moins rapidement les couleurs. Cette action dépend de la nature des matières colorantes employées : elle est très énergique sur quelques couleurs d'origine végétale, telles que certains Ecarlates de Cochenille et surtout le Rouge de Carthame, qui disparaît en quelques heures, alors que l'Indigo et la Garance ne sont qu'affaiblis au bout de quelques mois. Les couleurs dérivées de la houille sont en général peu solides; beaucoup de couleurs d'origine minérale sont également plus ou moins modifiées par l'action de la lumière. Il n'en est que quelques-unes qui soient inaltérables : le Vermillon de cinabre, les Chromes, le Bleu de cobalt, les oxydes ferriques. Les feuillets du Répertoire ont été imprimés avec des encres aussi fixes que possible, mais ils n'en doivent pas moins rester à l'abri de la grande lumière. Ils ne doivent donc être portés au jardin que lorsqu'il n'y a *absolument* pas moyen de faire autrement; *ils ne doivent pas recevoir les rayons solaires*, et ne doivent rester étalés à l'air que le moins longtemps possible. Quand on ne se sert plus du Répertoire, les feuillets doivent être rassemblés et replacés dans l'ouvrage, qui doit être refermé.

Malheureusement, la plupart des feuillages perdent toute transparence lorsqu'ils sont amenés à la lumière diffuse et posés à plat sur une table. Leur couleur alors se fonce tellement que la dénomination qui devrait leur être appliquée à ce moment ne donne plus du tout l'idée qu'on se fait habituellement de leur éclat. Le feuillage des *Musa* en fournit un exemple remarquable, dû, sans doute, au peu de consistance de son tissu cellulaire : plus on l'observe de loin, plus il semble éclatant et de ton cru. Cet effet disparaît à mesure qu'on s'en approche. Observé de près, sa couleur est vert-jaune ; de près et vu par en dessous, vert-jaune sombre. Que l'on prenne alors un morceau de feuille, qu'on l'apporte dans un local soustrait à la lumière solaire, et qu'on le dépose sur un objet quelconque, il deviendra noirâtre. La couleur que l'observateur donnera à un feuillage, et même à beaucoup de fleurs, dépendra donc surtout de la distance à laquelle il croira devoir la déterminer. Dans tous les cas, et pour la même raison que pour les fleurs, il importe absolument de ne pas opérer pendant que le végétal est éclairé par le soleil, ni non plus lorsqu'il est à l'ombre et que le soleil éclaire à peu près tout ce qui l'entoure ; il y a là un contraste qui peut fausser l'observation (voir fig. 8). Il faut donc choisir un temps couvert. Si l'on peut ou si l'on sait le faire, on prend le croquis des tons avec des pastels, pour rentrer les comparer aux couleurs du Répertoire plutôt que de sortir l'ouvrage dehors.

VI. — Sur la part prise par les collaborateurs dans l'exécution de l'Ouvrage

La lecture des considérations et instructions qui précèdent peut faire concevoir la somme des difficultés d'ordres divers qu'il a fallu vaincre pour présenter cet Ouvrage au public. Il n'existerait pas si M. René Oberthür n'avait pas pris à sa charge les frais de sa publication. Il faut ajouter que ces frais se sont trouvés triplés, au fur et à mesure que des essais préparatoires ont fourni les moyens d'assurer la bonne exécution du tirage. Aussi est-ce tout d'abord à M. René Oberthür que la Société française des Chrysanthémistes, qui a conçu l'Ouvrage et fourni les premiers moyens de le préparer, et l'auteur, qui l'a exécuté, expriment ici leurs sentiments de reconnaissance.

Parmi les difficultés à vaincre, la plus grande consistait dans la mutabilité des couleurs des encres industrielles ordinairement employées en impressions. Nous avons vu que la lumière et l'air ont une action parfois très énergique sur les couleurs, et qu'il en est fort peu qui soient inaltérables. En réalité il n'en est peut-être point. Même les couleurs vitrifiées subissent plus ou moins la patine du temps : il suffit de regarder les vieilles faïences pour s'en convaincre. On ne saurait donc exiger que les couleurs des planches du Répertoire restassent indéfiniment ce qu'elles sont au moment de l'apparition de l'Ouvrage, pas plus qu'il serait raisonnable d'exiger que le papier n'en jaunisse jamais.

La modification des couleurs ne peut donc être empêchée ou retardée que dans une mesure plus ou moins grande. L'Imprimerie Oberthür a employé tous les moyens en son pouvoir pour assurer le plus d'immutabilité possible à son tirage. Elle a été aidée en cela par MM. Lorilleux et Cie, qui se sont attachés à ne fournir, pour ce travail, que des encres de bonne qualité.

Ce Répertoire sera consulté utilement à l'Etranger, car les couleurs y sont déterminées en Allemand, en Anglais, en Espagnol et en Italien. De cette façon, tous les horticulteurs qui parlent ces langues pourront se mettre d'accord entre eux, et avec leurs confrères français, pour déterminer les couleurs de leurs fleurs. Pour la même raison, l'Ouvrage sera utile aussi à toutes les industries qui se livrent au commerce de matières ou d'objets colorés.

La détermination de nos couleurs a été faite, pour l'Allemand, par M. Max Leichtlin, directeur-propriétaire du Jardin botanique de Baden-Baden; pour l'Anglais, par M. C. Harman Payne, secrétaire, pour l'Etranger, de la *National Chrysanthemum Society*, membre de la Société nationale d'Horticulture de France, de la Société française des Chrysanthémistes, de la *Chrysanthemum Society* d'Amérique, etc.; pour l'Espagnol, par M. Miguel Cortés, horticulteur, vice-président de la Société catalane d'Horticulture, à Barcelone; pour l'Italien, par M. N. Severi, chef de service aux Plantations de la Ville de Rome, directeur de la Revue *La Villa ed il Giardino*. La Société française des Chrysanthémistes et l'auteur leur adressent leurs vifs remerciements pour le soin qu'ils ont pris de trouver des expressions nationales pouvant correspondre à des dénominations quelquefois intraduisibles en leurs langues.

L'auteur remercie personnellement M. Julien Mouillefert de l'intelligente collaboration qu'il a bien voulu lui apporter dans la préparation des documents qui ont servi de base à l'exécution du travail. Il remercie également MM. Vilmorin-Andrieux et Cie, Rivoire frères, Nonin, Héraud, Georges Boucher, Billiard et Barré, Simon et Lapalue, Millet, Duval et fils, horticulteurs; Jules Gravereaux, créateur de la Roseraie de l'Hay; Daniel, professeur à la Faculté de Rennes; Colleu, jardinier-chef de la ville de Rennes; J. Daveau, jardinier-chef du Jardin des Plantes de Montpellier, et G. Gibault, bibliothécaire de la Société nationale d'Horticulture de France, pour le bienveillant concours qu'ils lui ont apporté en lui fournissant des échantillons ou des renseignements.

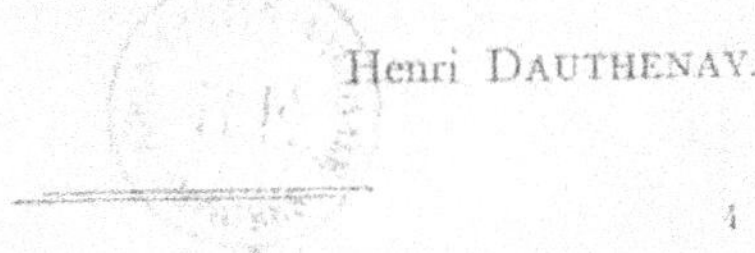

Henri DAUTHENAY.

TABLE DES COULEURS

PAR

NUMÉROS D'ORDRE

Série I.
Blancs et Blancs teintés

1 Blanc pur.
2 — de Neige.
3 — argenté.
4 — glauque.
5 — azuré.
6 — violacé.
7 — lilacé.
8 — rosé.
9 — carné.
10 — Crème.
11 — de Lait.
12 — ambré, Ambre.
13 — jaunâtre.
14 — soufré.
15 — verdâtre.

Série II. — Jaunes

16 Jaune Pyrèthre.
17 — Canari.
18 — Soufre.
19 — Primevère.
20 — de Chrome citron.
21 — Citron.
22 — d'Auréoline.
23 — Soleil.
24 Jaune d'Œuf.
25 — Gomme-Gutte.
26 — de Chrome moyen.
27 — indien.
28 — Succin.
29 — de Naples.
30 — Crème.
31 — Paille.
32 — cuivré.
33 Laque jaune.
34 Jaune bronzé.
35 — Miel.
36 — Maïs.
37 Or pâle.
38 — mat.
39 — intense.
40 Or.
41 — jaune.
42 Vieil-or mat.
43 Vieil-or.
44 — bronzé.
45 Or bronzé.
46 Cuivre jaune.
47 Jaune de Cadmium.
48 — Safran.
49 — Coq-de-roche.
50 — Nankin.
51 Pierre-de-Fiel.
52 Jaune du Japon.
53 Abricot.

Série III. — Orangés

54 Orange (vrai).
55 Rouge Carotte.
56 Orange cuivré.
57 Rouge Capucine.
58 — Saturne.
59 — Minium.
60 — Tuile.
61 Orangé de Mars.
62 — rougeâtre.
63 Abricot rougeâtre.
64 Nankin rougeâtre
65 Saumon jaunâtre.
66 Chair saumoné.
67 Chair.
68 — tendre.
69 Aurore.
70 Cuivre rouge.
71 Soleil levant.
72 Saumon.
73 — rougeâtre.
74 Rouge saumoné.
75 — Crevette.

Série IV. — Rouges

76 Rouge Corail.
77 Soleil couchant.
78 Rouge Feu.
79 — Brasier.
80 — Fournaise.
81 — Tomate.
82 — Grenadier.
83 —occiné.
84 — Ponceau.
85 — écarlate.
86 — Garance.
87 — Vermillon.
88 — Carthame.
89 Laque Géranium.
90 Rouge Grenadine.
91 — Cerise.
92 — d'Andrinople.
93 — Sang.
94 — Sang-de-bœuf.
95 — marocain.
96 Chaudron.
97 Rouge Garance passé.
98 — Pêche.
99 — Sang-Dragon.
100 — Brique.
101 — ocreux.
102 — étrusque.
103 — Sang passé.
104 — antique.
105 — Porphyre.
106 Laque carminée passée.
107 Carmin passé.
108 Rouge cuivré.
109 Fraise écrasée.
110 Rouge Fraise.
111 — Géranium.
112 — Cardinal.
113 — Caroubier.
114 — cramoisi.
115 — Groseille.
116 Carmin de Cochenille.
117 Rouge Framboise.

Série V. — Roses

118 Rose Eglantine.
119 — Neyron.
120 — Nilsson.
121 Laque carminée.
122 — de Garance.
123 Rose Bégonia.
124 — de Carthame.
125 Carmin saumoné.
126 Rose saumoné.
127 — Fleur-de-Pêcher.

128 Rose vif.
129 — Caroline.
130 — Hermosa.
131 — France.
132 — Hortensia.
133 — doré.
134 Incarnat rosé.
135 Rose tendre.
136 Chair rosé.
137 Rose de Nymphe.
138 Incarnat saumoné.
139 Incarnat.
140 Rose carné.
141 Carmin de Garance.
142 Vieux-rose rougeâtre.
143 — saumoné.
144 Vieux-rose.
145 — violacé.
146 — doré.
147 — cuivré.
148 — bronzé.
149 Rose brûlé.
150 — pourpré.
151 — vineux.
152 — lilacé.
153 — malvacé.
154 — violacé.

Série VI. — Pourpres

155 Pourpre de Tyr.
156 — carminé.
157 Solférino.
158 Rubis.
159 Carmin cramoisi.
160 Fuchsine.
161 Pourpre.
162 Grenat.
163 — mat.
164 — brûlé.
165 — pourpré.
166 Palissandre.
167 Vin de Bordeaux.
168 Amarante.
169 Magenta rougeâtre.
170 Gros Vin.
171 Lie-de-vin.

Série VII. — Violets

172 Violet Prune.
173 — livide.
174 — d'Iris.
175 Lilas violacé.
176 Lilas.
177 — saumoné.
178 — de Perse.
179 — rougeâtre.
180 Violet rougeâtre.
181 Mauve (vrai).
182 Magenta.
183 Lilas bleuâtre.
184 Violet vineux.
185 — pourpré.
186 Mauve pourpré.
187 Violet de Cobalt.
188 — Héliotrope.
189 — Evêque.
190 — Pétunia.
191 — Pensée.
192 — de Violette.
193 — noirâtre.
194 — franc.
195 Mauve violacé.
196 — lilacé.
197 Améthyste.
198 Violet Campanule.
199 — d'Aconit.
200 — Parme.

Série VIII. — Bleus

201 Bleu d'Agérate.
202 — d'Aniline.
203 — Dauphin.
204 — Lavande.
205 — Lobélia.
206 — Chicorée.
207 — Plumbago.
208 — d'Azur.
209 — Smalt.
210 — Porcelaine.
211 — Marine.
212 — d'Outremer.
213 — d'Orient.
214 — Myosotis.
215 — de Cobalt factice.
216 — d'Horizon.
217 — de Ciel.
218 — d'Anvers.
219 — Saphir.
220 — de Cobalt vrai.
221 — de Fausse-Turquoise.
222 — de Sèvres.
223 — de Brême.
224 — Turquoise (vrai).
225 — — verdâtre.
226 — Capri.
227 — Paon.
228 — minéral.
229 — de Prusse.
230 — de Roi.
231 Indigo.
232 — grisâtre.
233 Bleu Mésange.
234 — Médicis.

Série IX. — Verts

235 Vert Canard.
236 — de Chrome.
237 — américain.
238 Vert Jaspe.
239 — russe.
240 Vert-de-gris.
241 Vert de Prusse.
242 — de Cobalt.
243 — Civette.
244 — Artichaut.
245 — glauque.
246 Glauque grisâtre.
247 — d'Œillet.
248 — d'Eucalyptus.
249 — d'Abiès.
250 Vert d'Iris.
251 — Bouteille.
252 — d'Eau.
253 Glauque verdâtre.
254 — pur.
255 Vert Sulfate bleuâtre.
256 — Sulfate.
257 — Emeraldine.
258 — Malachite.
259 — Emeraude (vrai).
260 — Viridine.
261 — Véronèse (vrai).
262 — Lumière.
263 — minéral.
264 — de Chypre.
265 — Eau-de-Javel.
266 — Cosse (de Pois).
267 — Salade.
268 — Pré.
269 — Aucuba.
270 — Epinard.
271 — franc.
272 — Mousse.
273 Laque verte.
274 Vert Mousse teinte.
275 — Perroquet.
276 — Pistache.
277 — Pois.
278 — Feuille d'Orme.
279 — Jonc.

280 Vert de Vessie.
281 — Buis.
282 — Hellébore.
283 — Cèdre.
284 — If.
285 — Houx.
286 — Lierre.
287 — Barbedienne.
288 — Olive.
289 — Olive jaunâtre.
290 — Mousse passé.
291 — jaunâtre.
292 — Pyrite.
293 — Tilleul.
294 — Réséda.
295 — Chasselas.
296 — bistré.

Série X. — Bruns-Ocres

297 Brun de Stil.
298 Bronze Médaille.
299 Olive passée.
300 Sépia.
301 Terre d'Ombrie.
302 Brun Tabac.
303 — Havane.
304 Terre d'Ombrie brûlée.
305 Suie.
306 Mordoré.
307 Bure.
308 Fauve.
309 Isabelle.
310 Pitchpin.
311 Mastic.
312 Pierre.
313 Ocre (vraie).
314 — de ru.
315 Cuir jaune.
316 Ocre de Mars.
317 Cuir rouge.
318 Rouille.
319 Brun Giroflée.
320 Terre de Sienne brûlée.
321 Feuille morte.
322 Ocre d'Oran.
323 Cannelle.
324 Noisette.
325 Chamois.
326 Ocre jaune.
327 — brillante.
328 Bistre.
329 Terre de Sienne naturelle.
330 Brique.

Série XI. — Marrons

331 Terre cuite.
332 Ocre rouge.
333 Marron d'Inde.
334 Brun de Garance.
335 Acajou.
336 Laque brune.
337 Sanguine.
338 Bai-brun.
339 Brun minéral.
340 — Van Dyck.
341 Marron.
342 Brun Caroube.
343 Chocolat.

Série XII. — Noirs et Gris

344 Noir rougeâtre.
345 — pourpré.
346 — Raisin.
347 — violacé.
348 — bleuté.
349 — pur.
350 — d'Ivoire.
351 — verdâtre.

352 Gris verdâtre.
353 — de Plomb.
354 — Loutre.
355 — Perle.
356 — de Payne.
357 — de Fer.
358 — Cendre.
359 Gris pur.
360 — Souris.
361 Teinte neutre.
362 Ardoise.
363 Fumée.
364 Vieil-argent.
365 Argent.

TABLE ALPHABÉTIQUE

DES

NOMS DE COULEURS

N. B. — *Les synonymes sont en italique*

INDEX LATINORUM VERBORUM

quæ in opere notata sunt.

ALPHABETISCHES REGISTER

DER DEUTSCHEN BEZEICHNUNGEN

N. B. — Die nicht ganz passenden oder wenig gebräuchlichen Bezeichnungen sind in Cursivschrift.

ALPHABETICAL LIST

Of the English Names of Colours

N. B. — The doubtful or unusual names are printed in Italics.

INDICE ESPAÑOL

N. B. — Los nombres impropios ó poco usados son en italicos.

TAVOLA ALFABETICA ITALIANA

DELLE MATERIE

N. B. — Le voci improprie o poco usate sono in corsivo.

www.ingramcontent.com/pod-product-compliance
Ingram Content Group UK Ltd.
Pitfield, Milton Keynes, MK11 3LW, UK
UKHW021117260726
13994UKWH00002B/921

9 782329 233895